河南省建设监理协会团体标准

装配式混凝土结构工程监理工作标准

Supervision standard for prefabricated Concrete Structures

T/HAEC 001－2020

主编单位:鹏新工程管理有限公司
豫通工程管理有限公司

批准单位:河南省建设监理协会
施行日期:2021 年 1 月 1 日

U0364715

黄河水利出版社

郑 州

图书在版编目(CIP)数据

装配式混凝土结构工程监理工作标准/鹏新工程管理有限公司,豫通工程管理有限公司主编. —郑州:黄河水利出版社,2020.9

ISBN 978-7-5509-2823-7

Ⅰ.①装… Ⅱ.①鹏… ②豫… Ⅲ.①装配式混凝土结构-混凝土施工-监理工作-标准-中国 Ⅳ.①TU755-65

中国版本图书馆 CIP 数据核字(2020)第 180716 号

策划编辑:陶金志 电话:0371-66025273 E-mail:838739632@qq.com

出 版 社:黄河水利出版社 网址:www.yrcp.com
 地址:河南省郑州市顺河路黄委会综合楼 14 层 邮政编码:450003
发行单位:黄河水利出版社
 发行部电话:0371-66026940、66020550、66028024、66022620(传真)
 E-mail:hhslcbs@126.com
承印单位:河南新华印刷集团有限公司
开本:850 mm×1 168 mm 1/32
印张:2
字数:50 千字
版次:2020 年 9 月第 1 版 印次:2020 年 9 月第 1 次印刷

定价:36.00 元

河南省建设监理协会文件

豫建监协〔2020〕23 号

关于发布《装配式混凝土结构工程
监理工作标准》的公告

各会员单位、各相关单位：

河南鹏新建设工程咨询有限公司、豫通工程管理有限公司等单位编制的《装配式混凝土结构工程监理工作标准》，经我会组织专家评审，现批准发布，编号为 T/HAEC 001-2020，自 2021 年 1 月 1 日实施，供会员单位和相关单位自愿采用。

河南省建设监理协会

2020 年 7 月 28 日

前　言

根据河南省人民政府《关于大力发展装配式建筑的实施意见》(豫政办〔2017〕153号)文件精神、河南省建设监理协会关于本标准立项的有关通知,《装配式混凝土结构工程监理工作标准》编制组进行了广泛的调查研究,认真总结实践经验,参考现行有关国家和行业标准,在广泛征求意见的基础上,制定本标准。

本标准共9章和1个附录,主要技术内容包括:总则,术语,基本规定,工程质量控制,工程进度、造价控制及合同管理,安全生产管理的监理工作,部品部件驻厂监理,信息技术应用管理,监理文件资料管理和附录等。

本标准由河南省建设监理协会归口管理,鹏新工程管理有限公司负责技术内容的解释。执行过程中如有修改意见或建议,请反馈至鹏新工程管理有限公司(地址:河南省漯河市郾城区嵩山东支路建业智慧港B座21楼;邮政编码:462000;电子邮箱:zpsjlgc@163.com)。

主 编 单 位:鹏新工程管理有限公司

　　　　　　　豫通工程管理有限公司

参 编 单 位:漯河职业技术学院

　　　　　　　漯河市建设科技与装配式建筑服务中心

　　　　　　　漯河市建设工程质量监督站

　　　　　　　漯河市建设安全生产监督站

　　　　　　　河南祥辰工程管理有限公司

　　　　　　　河南省致诚工程技术有限公司

　　　　　　　河南中尚工程咨询有限公司

　　　　　　　中元方工程咨询有限公司

　　　　　　　河南豫泰建筑工程有限公司

河南天桥建设工程公司
漯河市建鼎工程质量检测咨询有限公司
方阵工程咨询有限公司
中远融通工程咨询有限公司
河南宏业建设管理股份有限公司
河南清鸿建设咨询有限公司

主要起草人：刘广超　王鹏辉　成旭凯　白素香　宋涵勋
　　　　　　冀军建　尚　琼　张克良　何景灏　陈进召
　　　　　　张　杨　翟伟刚　李建伟　赵冬梅　孟海银
　　　　　　刘智民　魏宏伟　刘惠林　王颖洁　刘富明
　　　　　　李宝华　郭民涛　潘　彬　母亚莉　段传银
　　　　　　陈建武　吴瑞超　江　河　臧　勇　王景涛
　　　　　　张玉飞　张　彬　吴　鹏　王　芳　赵战胜
　　　　　　王　斌　李素娟　樊　良　宋伟良　周经纬
　　　　　　申秀霞　杨　周　张福海　胡殿彦
主要审查人：王早生　孙惠民　张　强　杨　明　蒋晓东
　　　　　　郭玉明　黄春晓　马战旗　黄海荣　蒋里功
　　　　　　吕广辉　徐建祥　耿　春

目　次

Contents

1 总 则

1.0.1 为指导河南省装配式混凝土结构工程的监理工作,加强工程质量安全管理,提升监理服务水平,促进工程监理工作科学化、规范化、程序化、信息化,制定本标准。

1.0.2 本标准适用于河南省内新建、改建、扩建的装配式混凝土结构工程监理与相关服务活动。

1.0.3 实施装配式混凝土结构工程监理应遵循以下主要依据:

    1 国家和地方法律、法规及工程建设标准;

    2 工程勘察设计文件及深化设计文件;

    3 工程监理合同及其他合同文件。

1.0.4 装配式混凝土结构工程监理服务活动除应符合本标准外,尚应符合国家现行有关标准的规定。

2 术 语

2.0.1 装配式混凝土结构 precast concrete structure

由预制混凝土构件通过可靠的连接方式装配而成的混凝土结构。

2.0.2 钢筋套筒灌浆连接 rebar splicing by grout – filled coupling sleeve

在预制混凝土构件内预埋的金属套筒中插入钢筋并灌注水泥基灌浆料而实现的钢筋连接方式。

2.0.3 钢筋浆锚搭接连接 rebar lapping in grout – filled hole

在预制混凝土构件中预留孔道,在孔道中插入需搭接的钢筋,并灌注水泥基灌浆料而实现的钢筋搭接连接方式。

2.0.4 部件 component

在工厂或现场预先生产制作完成,构成建筑结构系统的结构构件及其他构件的统称。

2.0.5 部品 part

由工厂生产、构成外围护系统、设备和管线系统、内装饰系统的建筑单一产品或复合产品组装而成的功能单元的统称。

2.0.6 驻厂监理 supervision of factory

监理单位按照建设工程监理合同约定派驻监理人员对部品部件生产过程进行的监督检查与核验工作的活动。

2.0.7 首件验收 first piece inspection

预制混凝土构件生产单位生产的同类型预制混凝土构件第一件或标准件的验收。

2.0.8 首段验收 first level inspection

预制构件与现浇构件之间连接安装的第一层或者第一个施工验收段的验收。

2.0.9 建筑信息模型 building information modeling, building information model(BIM)

在建设工程及设施全生命期内,对其物理和功能特性进行数字化表达,并依此设计、施工、运营的过程和结果的总称,简称模型。

3 基本规定

3.0.1 监理单位应按建设工程监理合同约定,对装配式混凝土结构工程实施监理。驻厂监理服务一并委托的,应在合同中明确驻厂监理的工作范围、内容、服务期限和酬金等相关条款。

3.0.2 项目监理机构应配备具有装配式混凝土结构工程监理业务能力的监理人员和检验工具,建立与装配式混凝土结构工程特点相适应的内部管理体系、监理工作流程和监理工作制度。

3.0.3 项目监理机构应针对装配式混凝土结构工程的特点,编制监理规划和监理实施细则。

3.0.4 项目监理机构应根据装配式混凝土结构工程特点,采取审核审查、巡视检查、旁站监理、见证取样、平行检验、复核验收等方法实施监理。

3.0.5 鼓励监理单位采取信息化管理手段,运用建筑信息模型(BIM)等技术,提高监理工作效率。

3.0.6 项目监理机构应及时、准确、完整地收集、整理、编制、传递监理文件资料。

4 工程质量控制

4.1 一般规定

4.1.1 项目监理机构应针对装配式混凝土结构工程的部品部件进场验收、安装、连接、防水等重要环节进行质量控制,明确监理工作的流程、要点、方法和措施。

4.1.2 项目监理机构应审查施工单位申报的装配式混凝土结构工程质量验收划分方案,并按照验收规范的要求进行检查验收。

4.1.3 项目监理机构应根据装配式混凝土结构工程的特点,确定质量控制的关键工序和关键部位,编制旁站监理方案,对部品部件安装和钢筋套筒灌浆连接、钢筋浆锚搭接连接等关键工序实施旁站监理,并留存相关记录及影像资料。

灌浆施工旁站记录表应按附录表1的要求填写。

4.1.4 项目监理机构宜根据标准化施工的规定,检查施工单位在施工现场设置部品单元样板区。

4.2 施工准备阶段的质量控制

4.2.1 项目监理机构应在装配式混凝土结构工程开工前审查施工单位现场的质量管理组织机构、管理制度及专职管理人员和特种作业人员的资格,对套筒灌浆等关键工序的施工操作人员培训记录或相关证件进行查验。

4.2.2 项目监理机构应在装配式混凝土结构工程开工前,审查施工单位报送的施工方案;对于采用新材料、新工艺、新技术、新设备的施工方案,应审查其质量认证材料和相关验收标准的适用性,并要求施工单位组织专家论证。

4.2.3 项目监理机构应审查施工单位报送的检测试验计划,并根据审查后的检测试验计划编制见证取样和送样方案。

4.2.4 项目监理机构应审查施工单位报送的施工测量方案,并复核施工控制测量成果资料及保护措施,检查部品部件安装定位标识。

4.2.5 项目监理机构应审查灌浆连接套筒与灌浆料的匹配性检验报告,审查现场模拟部品部件连接接头的灌注质量及接头抗拉强度检验报告。

4.2.6 装配式混凝土结构施工前,项目监理机构应督促施工单位选择有代表性的单元进行部品部件试安装,并根据试安装结果及时调整施工工艺、完善施工方案。

4.3 施工阶段的质量控制

4.3.1 项目监理机构应审查施工单位报送的用于工程的材料、构配件、设备的质量证明文件,并按有关规定和程序,对用于工程的材料进行见证取样。

项目监理机构应按下列要求对工程材料进行质量控制:

1 对用于工程的混凝土材料、灌浆材料、钢材、防水材料、保温材料及连接件等主要材料,应审查其质量证明文件,并检查材料的外观质量;

2 对用于工程的新材料,应审查施工单位提供的检测报告、试验报告、鉴定报告及相应的验收标准等资料;

3 对于进口材料,应审查进口商检证明。

4.3.2 项目监理机构应组织施工单位对进入施工现场的部品部件进行质量验收,形成验收记录,合格后方可使用。验收应包括下列主要内容:

1 部品部件的出厂信息化标识;

2 部品部件的出厂质量证明文件,包括产品出厂合格证、混凝土强度检验报告、合同要求的其他质量证明文件等。

3 按设计文件要求检查部品部件的预埋件、插筋、预留孔洞等的规格、位置、数量,检查部品部件的外观质量和尺寸偏差是否有影响结构性能和安装使用功能的质量缺陷。

4 对未实施驻厂监理的梁板类简支受弯部件应按现行国家标准《装配式混凝土建筑技术标准》GB/T51231 的规定检查结构性能检验报告;对不可单独使用的叠合板预制底板,可不进行结构性能检验,对叠合梁部件,应按设计要求进行结构性能检验;其他预制部件,除设计有专门要求外,进场时可不做结构性能检验。

4.3.3 项目监理机构应对部品部件的安装进行检查验收。检查验收应包括下列主要内容:

1 吊装措施与专项施工方案的符合性;

2 竖向部件的安装位置、标高、垂直度等;

3 水平部件的安装位置、标高,相邻部件的平整度、高低差、拼缝尺寸等;

4 装饰类部件装饰面的完整性;

5 临时固定措施与专项施工方案的符合性。

4.3.4 项目监理机构应对钢筋套筒灌浆连接及钢筋浆锚搭接连接的部品部件连接质量进行检查验收。检查验收应包括下列主要内容:

1 审查灌(坐)浆料、分仓材料、封堵材料等质量证明文件;

2 套筒内连接钢筋长度及位置、接缝分仓、灌浆腔连通情况、接缝封堵方式;

3 施工技术交底情况、操作人员的培训记录或相关证件。

4.3.5 项目监理机构应对采用钢筋机械连接、环筋扣合锚接等连接形式的部品部件连接质量进行检查验收。

4.3.6 装配式混凝土结构连接节点及叠合构件浇筑混凝土前,项目监理机构应进行隐蔽工程验收。

隐蔽工程验收应包括下列主要内容:

1 混凝土粗糙面的质量,键槽的尺寸、数量、位置;

2 钢筋的牌号、规格、数量、位置、间距,箍筋弯钩的弯折角度及平直段长度;

3 钢筋的连接方式、接头位置、接头数量、接头面积百分率、搭接长度、锚固方式及锚固长度;

4 预埋件、预留管线的规格、数量、位置;

5 部品部件接缝处防水、防火等构造做法;

6 保温及其节点施工;

7 其他。

4.3.7 项目监理机构应对外围护结构的接缝防水进行检查验收。检查验收应包括下列主要内容:

1 防水材料性能及相关质量保证资料;

2 接缝形式和基层处理;

3 拼缝宽度、填充材料留置深度,以及内侧密封、封堵、封闭等;

4 施工完成后,对接缝防水性能进行验收。

4.3.8 设备与管线施工前,项目监理机构应督促施工单位按设计文件核对设备及管线参数,并对部品部件预埋套管及预留孔洞的尺寸、位置进行复核,合格后方可施工。

4.3.9 项目监理机构应对装配式混凝土结构工程中涉及的装饰、保温、防火、防雷等工程按设计文件及工程建设标准进行检查验收。

4.3.10 项目监理机构发现装配式混凝土结构工程施工存在质量问题的,或采用不适当的施工工艺,或施工不当造成工程质量不合格的,应及时签发监理通知单,要求施工单位整改。整改完毕后,项目监理机构应对整改情况进行复查,提出复查意见。

4.3.11 对需要返修处理或加固补强的质量缺陷,项目监理机构应要求施工单位报送经设计等相关单位认可的处理方案,并应对质量缺陷的处理过程进行跟踪检查,对处理结果进行验收。

4.3.12 对需要返工处理或加固补强的质量事故,项目监理机构应要求施工单位报送质量事故调查报告和经设计等相关单位认可的处理方案,并应对质量事故的处理过程进行跟踪检查,同时应对处理结果进行验收。

项目监理机构应及时向建设单位提交质量事故书面报告,并应将完整的质量事故处理记录整理归档。

4.4 质量验收

4.4.1 项目监理机构应参加建设单位组织的首件验收,验收合格后方可批量生产;应参加建设单位组织的首段验收,验收合格后方可扩展施工。

首件部品部件产品质量验收表应按附录表2的要求填写。

4.4.2 装配式混凝土结构工程的验收可分阶段进行。检验批验收可根据部品部件安装结构类型、工程规模、工艺特点以及质量控制要求等按施工段或者楼层进行。

4.4.3 装配式混凝土结构工程分部工程的验收应由总监理工程师组织施工单位项目负责人和项目技术负责人等进行,并形成验收资料。

设计单位项目负责人和施工单位技术、质量部门负责人应参加验收。

4.4.4 项目监理机构应审查施工单位提交的单位工程竣工验收报审表及竣工资料,组织工程竣工预验收;预验收合格后,编写工程质量评估报告,并应经总监理工程师和工程监理单位技术负责人审核签字后报送建设单位。

项目监理机构应参加由建设单位组织的竣工验收,工程质量符合要求的,总监理工程师应在工程竣工验收报告中签署意见。

5 工程进度、造价控制及合同管理

5.1 一般规定

5.1.1 项目监理机构应依据相关法律法规及建设工程监理合同约定,实施工程进度、造价控制及合同管理。

5.1.2 项目监理机构应根据装配式混凝土结构工程特点,在监理规划中明确工程进度、造价控制及合同管理的目标、内容、程序、方法和措施。

5.1.3 项目监理机构宜根据装配式混凝土结构工程特点对工程进行风险分析,提出工程进度、造价控制及合同管理等目标控制的防范性对策,在实施过程中进行动态控制。

5.2 工程进度控制

5.2.1 专业监理工程师应审查施工单位报审的施工总进度计划和阶段性施工进度计划,提出审查意见,由总监理工程师审核后报建设单位。

5.2.2 项目监理机构检查施工进度计划的实施情况时应包括下列内容:

    1 巡视施工现场的人员、材料、机械设备等资源配置情况,检查工程进度计划执行情况,监督进度计划的实施。

    2 当工程进度偏离计划目标时,分析原因,要求施工单位采取纠偏措施;当出现严重偏差时,签发监理通知单,要求施工单位采取调整措施加快施工进度,并及时向建设单位报告工期延误风险。

5.2.3 总监理工程师应组织专业监理工程师对工程变更影响工期的情况做出评估,并与建设单位、施工单位等协商确定工期变化。

5.2.4 项目监理机构应比较分析工程实际进度与计划进度,预测工程实际进度对施工总工期的影响,并在监理月报中向建设单位报告。

5.3 工程造价控制

5.3.1 项目监理机构应审查施工单位申报的装配式混凝土结构工程资金计划报表。

5.3.2 施工单位按合同约定支付节点,根据工程进度填写《工程款支付报审表》,向项目监理机构提出工程计量及支付申请,并附相关依据。

5.3.3 项目监理机构应按下列程序进行工程计量和工程款支付:

    1 专业监理工程师对施工单位在工程款支付报审表中提交的工程量进行复核,按合同约定支付节点确定实际完成的工程量,对符合计量条件的工程予以签认;对工程量有异议的,应与施工单位进行共同复核或抽样复测,并要求施工单位提供补充计量资料。

    2 专业监理工程师根据复核确定的工程量对施工单位提交的工程款支付报审表中的支付金额进行复核,提出本期应支付给生产单位和施工单位的金额,并附相应计量资料。

    3 总监理工程师对专业监理工程师的审查意见进行审核,签认后报建设单位审批。

    4 总监理工程师根据建设单位的审批意见,签发工程款支付证书。

5.3.4 项目监理机构应定期对施工单位实际完成量与计划完成量进行对比分析,发现偏差应提出调整建议,要求施工单位及时调整并书面报告建设单位。

5.3.5 项目监理机构应审核工程结算文件,并就工程竣工结算事宜与建设单位、施工单位协商,达成一致意见,根据建设单位审批意见签发竣工结算款支付证书;不能达成一致意见的,应按施工合同的约定处理。

5.4 合同管理

5.4.1 项目监理机构应依据建设工程监理合同的约定对施工合同进行管理,处理工程暂停及复工、变更、索赔及合同争议、解除等事宜。

5.4.2 发生暂停事件时,项目监理机构应根据影响范围和影响程度,及时签发工程暂停令。当工程暂停原因消失,具备复工条件时,总监理工程师应及时签署审核意见,并报建设单位批准后签发工程复工令;施工单位未提出复工申请的,总监理工程师应根据工程实际情况指令施工单位恢复施工。

5.4.3 发生工程变更时,项目监理机构可按下列程序处理:

1 总监理工程师组织专业监理工程师审查施工单位或部品部件生产单位提出的工程变更申请,提出审查意见。对涉及工程设计文件修改的工程变更,应由建设单位转交原设计单位修改工程设计文件。必要时,项目监理机构应建议建设单位组织设计、施工等单位召开论证工程设计文件修改方案的专题会议。

2 总监理工程师组织专业监理工程师对工程变更费用及工期影响做出评估。

3 总监理工程师组织建设单位、施工单位或部品部件生产单位等共同协商确定工程变更费用及工期变化,会签工程变更单。

4 项目监理机构根据批准的工程变更文件监督施工单位或部品部件生产单位实施工程变更。

5.4.4 发生索赔时,项目监理机构可按下列程序处理:

1 受理施工单位或部品部件生产单位在合同约定的期限内提交的费用索赔意向通知书。

2 收集与索赔有关的资料。

3 受理施工单位或部品部件生产单位在合同约定的期限内提交的费用索赔报审表。

4 审查费用索赔报审表。需要施工单位或部品部件生产单位进一步提交详细资料时,应在合同约定的期限内发出通知。

5 与建设单位和施工单位或部品部件生产单位协商一致后,在合同约定的期限内签发费用索赔报审表,并报告建设单位。

5.4.5 发生合同争议时,项目监理机构应按合同约定协商处理。

6 安全生产管理的监理工作

6.1 一般规定

6.1.1 安全生产管理的监理工作应坚持"安全第一、预防为主"的方针。

6.1.2 项目监理机构应根据法律法规、工程建设强制性标准,履行建设工程安全生产管理的监理职责。应将装配式混凝土结构工程安全生产管理的监理工作内容、方法和措施纳入监理规划,应编制危险性较大的分部分项工程监理实施细则。

6.1.3 项目监理机构应建立危险性较大的分部分项工程安全管理档案,安全管理档案应包括下列主要内容:

    1 专项施工方案;

    2 监理实施细则;

    3 专项巡视检查记录;

    4 危险性较大的分部分项工程验收及整改等相关资料。

6.2 施工准备阶段的安全监理工作

6.2.1 项目监理机构应审查施工单位安全生产保证体系和安全生产规章制度的建立情况。

6.2.2 项目监理机构应审查施工单位的安全生产许可证,审查施工单位项目负责人、专职安全生产管理人员及特种作业人员的从业资格。

6.2.3 项目监理机构应审查施工单位报审的专项施工方案。对于采用新材料、新工艺、新技术、新设备的装配式混凝土结构工程专用的操作平台、高处临边作业的防护设施等,其专项施工方案应要求施工单位按规定组织专家论证。

6.2.4 项目监理机构应审查施工单位针对装配式混凝土结构工程特点和施工现场实际情况制订的应急救援预案和建立的应急救援体系。

6.2.5 项目监理机构应审查施工单位依据现场部品部件堆场设置、设备设施安装使用、因吊装造成非连续施工等特点编制的安全文明施工方案。

6.2.6 项目监理机构应督促施工单位做好逐级安全技术交底工作,参与技术交底并记录交底情况。

6.2.7 危险性较大的分部分项工程实施前,总监理工程师应向现场监理人员进行交底。

6.3 施工阶段的安全监理工作

6.3.1 项目监理机构应检查施工单位安全生产保证体系的运作及专职安全生产管理人员的到岗和工作情况。

6.3.2 项目监理机构应监督施工单位按照国家有关法律法规、工程建设强制性标准、工程设计文件、批准的施工组织设计或专项施工方案组织施工。

6.3.3 项目监理机构应检查施工起重机械设备制造许可证、产品合格证、制造监督检验证明、定期检验报告、备案证等文件资料,对手续不完备的严禁投入使用。

6.3.4 项目监理机构应监督施工单位做好临边作业、高处作业等危险部位的安全防护工作,要求施工现场设置明显的安全警示标志。

6.3.5 项目监理机构应检查施工单位部品部件的堆放、吊装及临时固定等关键环节的施工安全情况。

检查应包括下列主要内容:

1 堆放是否采取相应的固定、防侧移、防倾倒、防坠落等措施。

2 吊装前,检查现场作业人员的安全技术交底情况,具备吊装安全生产条件后方可允许施工单位进行吊装;吊装时,检查施工单位专职安全人员是否进行现场监督,吊装作业是否符合相关安全操作规程的要求,吊装区域下方严禁交叉施工。

3 高空吊装作业时,应要求施工单位通过缆风绳改变部品部件方向,严禁高空直接用手扶部品部件。

4 部品部件安装就位后,应检查施工单位采取临时固定措施的情况,吊具的分离应在校准定位及临时固定措施安装完成后进行。

5 临时固定措施拆除前,应检查确认连接部位混凝土或灌浆料强度是否达到设计文件的要求。

6.3.6 项目监理机构应巡视检查施工现场的安全生产情况,监督施工单位落实各项安全措施。发现未按照专项施工方案施工或工程存在安全事故隐患时,应签发监理通知单,要求施工单位整改;情况严重时,应签发工程暂停令,并应及时报告建设单位;施工单位拒不整改或不停止施工时,项目监理机构应及时向有关主管部门报送监理报告。

6.3.7 当施工现场发生安全事故时,项目监理机构应及时向监理单位和建设单位报告,并要求施工单位保护现场,配合有关部门对事故进行调查。

6.3.8 项目监理机构应将安全生产管理的监理文件资料按规定立卷归档。

7 部品部件驻厂监理

7.1 一般规定

7.1.1 工程监理单位应根据建设工程监理合同约定,由项目监理机构派驻监理人员,履行驻厂监理职责。

7.1.2 项目监理机构应审查部品部件生产、堆放、吊装、成品保护、运输等方案,符合要求时应由总监理工程师批准实施。

7.1.3 项目监理机构应依据工程监理合同、监理规划、设计文件、工程建设标准和生产方案等编制监理实施细则,确定旁站的关键工序和关键部位,安排监理人员进行旁站,做好旁站记录并留存影像资料。

7.1.4 项目监理机构应审查部品部件生产单位的进厂材料、构配件和设备的管理体系及管控状态。审查应包括下列主要内容:

1 进出货管理制度;

2 用于部品部件加工的材料、构配件、设备的记录清单和质量证明文件;

3 按部品部件相关生产验收标准核查复验报告;

4 工程材料、构配件、设备堆放保管情况;

5 对经检验不合格的材料、构配件、设备,应要求生产单位不得用于本工程。

7.1.5 项目监理机构应对部品部件生产单位开工生产条件进行审查,由总监理工程师签署审查意见。

7.1.6 项目监理机构应根据施工图设计文件、原设计单位审核确认的深化设计文件及相关标准和规范,进行进场材料检查、见证、隐蔽验收及巡视等。

7.1.7 驻厂监理人员应参加由建设单位组织的部品部件首件、首段验收,并留存验收资料。

7.1.8 驻厂监理人员应参加由建设单位组织的竣工验收,对验收中提出的问题,督促生产单位及时整改完成。

7.2 质量控制

7.2.1 项目监理机构应对部品部件生产所需要的原材料按照生产厂家、品种、规格、型号、日期等进行见证取送样。

7.2.2 项目监理机构应按工程建设标准、设计文件、生产合同及批准的生产方案对部品部件的生产质量进行巡视。生产质量不合格的,应及时签发监理通知单,要求生产单位整改,并对整改情况进行复查,提出复查意见。

7.2.3 项目监理机构应对部品部件模具安装进行检查验收,并定期检查侧模、预埋件和预留孔洞的定位措施,防止模具变形。

7.2.4 项目监理机构应按照设计图纸及相关规范进行隐蔽工程验收。对验收合格的应给予签认,准许下道工序施工,并留取影像资料。

7.2.5 混凝土浇筑时,项目监理机构应派专人进行旁站监理,并形成旁站记录。

7.2.6 项目监理机构应要求生产单位按已审批的混凝土养护方案进行养护,并应符合下列规定:

    1 部品部件采用洒水、覆盖等方式进行常温养护时,应符合现行国家标准《混凝土结构工程施工规范》GB50666 的规定;

    2 部品部件采用加热养护时,应对静停、升温、恒温和降温时间进行控制,宜在常温下静停 2～6 h,升温、降温速度不应超过 20 ℃/h,最高养护温度不宜超过 70 ℃,部品部件脱模时的表面温度与环境温度的差值不宜超过 25 ℃;

    3 夹心保温外墙板最高养护温度不宜大于 60 ℃。

7.2.7 脱模起吊时,部件的混凝土立方体抗压强度应满足设计要求,且不应小于 15 N/mm²。

7.2.8 项目监理机构应检查部品部件的信息化标识,信息化标识内容应包括工程名称、生产单位、部品部件型号、生产日期、出厂日期、合格证号等。

7.2.9 项目监理机构应对出厂部品部件的质量、型号和生产日期等进行验收,验收时应对部品部件的标识进行核对,追溯产品是否合格。

7.2.10 对需要返工处理或加固补强的部品部件质量缺陷,项目监理机构应根据经设计等相关单位认可的处理方案对质量缺陷的处理过程进行跟踪检查,对处理结果进行验收。

7.3 堆放及运输

7.3.1 项目监理机构应对部品部件的堆放进行巡视和检查。巡视检查应包括下列主要内容:

1 部品部件应设置专用堆放场地,堆放场地应硬化平整,整洁无污染,排水良好;堆放区应设置隔离护栏,按品种、规格、出厂顺序分别堆放。

2 应根据部品部件的类型选择合适的堆放方式及层数,同时部品部件之间应设置可靠的垫衬;使用货架堆放的,货架应进行力学计算满足承载力要求。

3 部品部件堆放存储时间不宜超过两个月,存放期间宜进行养护。

7.3.2 项目监理机构应对部品部件的装车运输进行检查,要求施工单位根据部品部件的特点采用不同的运输方式,托架、靠放架、插放架应进行专门设计,并进行强度、刚度和稳定性验算。

7.4 监理文件资料

7.4.1 项目监理机构应根据部品部件生产及验收情况,及时收集和整理驻厂监理文件资料,并单独成册。

7.4.2　部品部件驻厂监理文件资料应包括下列主要内容:

　　1　建设工程监理合同及部品部件生产合同;

　　2　设计文件、设计变更及交底文件;

　　3　监理实施细则;

　　4　部品部件生产方案、质量保证体系及安全保证体系等文件;

　　5　部品部件生产过程控制资料、出厂验收资料等;

　　6　信息化标识资料;

　　7　质量缺陷分析和处理资料;

　　8　工程开工报审表、工程暂停令及复工报审资料;

　　9　监理日志、会议纪要、监理月报、监理工作总结;

　　10　其他。

7.4.3　监理工作总结应包括下列基本内容:

　　1　工程概况;

　　2　驻厂监理人员组成;

　　3　监理合同履行情况;

　　4　监理工作成效;

　　5　监理工作中发现的问题及其处理情况;

　　6　其他。

8 信息技术应用管理

8.1 一般规定

8.1.1 装配式混凝土结构工程监理应遵循职责、权限对应一致的原则,按建设工程监理合同的约定配合工程项目相关方完成信息化管理工作。

8.1.2 装配式混凝土结构工程监理的信息技术应用管理宜覆盖工程全过程应用管理,也可根据工程实际情况在工程某一阶段或某些环节应用。

8.1.3 项目监理机构宜按建设工程监理合同要求利用 BIM 模型开展协同整合工作,实现各专业、工程实施各阶段的信息有效传递。

8.1.4 项目监理机构应根据建设工程监理合同的约定检查相关单位的 BIM 技术人员、软件、硬件是否满足要求。

8.1.5 项目监理机构宜根据建设工程监理合同的约定,编制 BIM 监理实施细则,明确 BIM 监理工作的专业工程特点、工作方法、工作流程、工作要点及措施,实现 BIM 监理管理的目标。

8.1.6 项目监理机构宜利用 BIM 技术进行工程质量、安全、进度、造价、合同、信息管理和变更(控制)、竣工验收及运营和维护,并将监理及管理的过程记录附加或关联到相应的施工过程模型中,将竣工验收监理记录附加或关联到竣工验收模型中。

8.1.7 装配式混凝土结构工程监理信息、建筑信息模型(BIM)宜具有与虚拟现实技术(VR)、物联网、移动互联网、地理信息系统(GIS)、施工环境监测等信息技术集成或融合的能力。

8.1.8 项目监理机构应参与竣工验收模型与工程项目交付实体、竣工图纸的一致性审核工作。

8.2 部品部件编码管理

8.2.1 部品部件的编码工作应采用统一的样板文件,按照现行国家标准《建筑信息模型分类和编码标准》GB/T51269 中建筑信息模型分类表进行分类,可按其特点进行扩充。

8.2.2 与 RFID、二维码等应用结合的装配式混凝土结构工程,项目监理机构应审核部品部件生产单位的 RFID、二维码等信息管理方案,并对已交付现场的部品部件 RFID、二维码的完整性,要求施工单位建立保护措施。

8.2.3 部品部件分类各层级之间的逻辑关系应符合相关规定,同一类目的下一层级中不同类目应具有相同的划分标准。

8.2.4 项目监理机构应检查部品部件编码的唯一性、合理性、可扩充性、简明性、适用性、规范性,并可溯源追踪。

8.2.5 项目监理机构应检查部品部件分类与编码满足装配式混凝土结构工程应用 BIM 技术的相关要求,符合建筑信息模型交付、存储标准的规定,满足各个阶段的使用、共享和传递功能。

8.3 信息技术应用的监理工作

8.3.1 在信息技术应用管理工作中,宜应用 BIM 在优化图纸设计及施工过程模型基础上,附加或关联模型会审与设计交底信息,实现三维展示、环境分析、设计优化功能。

8.3.2 根据工程质量控制需求,宜利用 BIM 质量子模型,对项目各阶段的质量管理进行预检、评估、判断、记录等。

8.3.3 项目监理机构宜利用 BIM,将合同管理、信息管理的记录和文件附加或关联到模型中。

8.3.4 在工程造价控制过程中,项目监理机构宜利用 BIM 模型数据为投资决策提供准确数据,减少工程变更,及时做好工程计量审核,提高工程结算和财务决算准确度,正确反映工程造价。

8.3.5 在工程进度管理工作中,按不同的时间间隔对施工进度进行工序或逆序四维模拟,形象反映施工计划和实际进度。

8.3.6 在 BIM 应用中,项目监理机构对 BIM 技术研究应用可以对不同阶段施工现场场地进行实时分析及模拟,对可能出现的安全问题进行预防。

8.3.7 项目 BIM 软件宜具有下列功能:

1 监理管理信息、记录及文档与模型关联;

2 工程项目相关方的相互协作;

3 质量、进度、造价、安全、工程变更、竣工预验收等监理业务功能;

4 监理信息查询、统计、分析及报表输出。

8.3.8 项目 BIM 应用交付成果宜包括:模型会审、设计交底记录、质量、造价、进度等过程记录,监理实测实量记录、变更记录、竣工验收监理记录等。

9 监理文件资料管理

9.1 一般规定

9.1.1 项目监理机构应建立监理文件资料管理制度。总监理工程师宜指定专人负责监理信息的收集、整理和保存工作,并建立文件资料台账。

9.1.2 项目监理机构宜采用信息技术进行监理文件资料管理,信息传递应及时、准确、完整,与工程监理过程同步进行,真实反映建设工程的建设情况。

9.2 监理文件资料的内容

9.2.1 监理文件资料应包括下列主要内容:

1 建设工程监理合同及其他合同类文件;

2 勘察设计文件、设计交底文件、图纸会审记录、设计变更文件、工程变更(洽商)记录、深化设计施工详图等技术文件及审批文件;

3 监理组织机构、监理规划、监理实施细则、旁站监理方案;

4 施工单位项目组织机构、施工组织设计、(专项)施工方案报审文件资料;

5 第一次工地会议、监理例会、专题会议等会议纪要;

6 工作联系单、监理通知单与监理报告;

7 工程开工令、暂停令、复工令,工程开工或复工报审文件资料;

8 监理日志、监理月报;

9 工程质量或生产安全事故处理文件资料;

10 安全生产管理资料;

11 工程质量控制资料；

12 工程进度控制资料；

13 工程造价控制资料；

14 合同管理资料；

15 工程质量评估报告；

16 监理工作总结。

9.2.2 装配式混凝土结构工程质量验收时,项目监理机构应收集和整理以下文件资料：

1 工程设计文件、部品部件制作和安装的深化设计文件；

2 部品部件、主要材料及构配件的质量证明文件、进场验收记录、抽样检测报告；

3 部品部件安装施工记录；

4 钢筋套筒灌浆连接、钢筋浆锚搭接连接等的施工验收记录；

5 后浇混凝土部位的隐蔽工程检查验收文件；

6 后浇混凝土、灌浆料、坐浆材料强度检测报告；

7 外墙防水施工质量检验记录；

8 其他质量验收文件。

9.3 监理文件资料的归档与移交

9.3.1 项目监理机构应及时整理、分类汇总监理文件资料,并应按规定组卷,形成监理档案。

9.3.2 工程监理单位应根据工程特点和有关规定,保存监理档案,并向有关单位、部门移交需要存档的监理文件资料。

附　录

表 1　灌浆施工旁站记录表

工程名称			灌浆日期		
施工部位			天气/温度		
开始时间			结束时间		
序号	部件编号	套筒个数	异常情况记录	冒浆情况	备注

旁站其他内容:试块按要求留置:　　　　　　　　　　　是　　　否

专职检验人员到岗情况:　　　　　　　　　　　　　是　　　否

设备配置满足灌浆施工要求:　　　　　　　　　　　是　　　否

浆料配比搅拌符合要求:　　　　　　　　　　　　　是　　　否

出浆口封堵工艺符合要求:　　　　　　　　　　　　是　　　否

有无影像资料:　　　　　　　　　　　　　　　　　是　　　否

其他:

　　　　　　　　　　　　　　　　旁站人员(签字):

表2 首件部品部件产品质量验收表

工程名称：　　　　　　　　　　　　　　　　　　　　编号：

建设单位		设计单位	
施工单位		监理单位	
生产单位		部件类型	
部件编号		图纸编号	
生产日期		检查日期	
混凝土强度等级		执行标准	

验收内容：

验收意见：

验收结论：

生产单位： 项目负责人(签字)： 　　年　　月　　日	施工单位： 项目负责人(签字)： 　　年　　月　　日	设计单位： 项目负责人(签字)： 　　年　　月　　日
监理单位： 项目负责人(签字)： 　　年　　月　　日	建设单位： 项目负责人(签字)： 　　年　　月　　日	

本标准用词说明

1 为便于在执行本标准条文时区别对待,对要求严格程度不同的用词说明如下:

1) 表示很严格,非这样做不可的用词:

正面词采用"必须",反面词采用"严禁";

2) 表示严格,在正常情况下均应这样做的用词:

正面词采用"应",反面词采用"不应"或"不得";

3) 表示允许稍有选择,在条件许可时首先应这样做的用词:

正面词采用"宜",反面词采用"不宜";

4) 表示有选择,在一定条件下可以这样做的用词:采用"可"。

2 条文中指明应按其他有关标准执行的写法为:"应符合……的规定"或"应按……执行"。

引用标准名录

《混凝土结构工程施工质量验收规范》GB50204

《建筑工程施工质量验收统一标准》GB50300

《建设工程工程量清单计价规范》GB50500

《混凝土结构工程施工规范》GB50666

《建设工程监理规范》GB/T50319

《建设工程文件归档规范》GB/T50328

《装配式混凝土建筑技术标准》GB/T51231

《建筑信息模型施工应用标准》GB/T51235

《建筑信息模型分类和编码标准》GB/T51269

《装配式混凝土结构技术规程》JGJ1

《建筑机械使用安全技术规程》JGJ33

《建筑施工高处作业安全技术规范》JGJ80

《钢筋机械连接技术规程》JGJ107

《建筑施工起重吊装工程安全技术规范》JGJ276

《钢筋套筒灌浆连接应用技术规程》JGJ355

《建筑外墙防水工程技术规程》JGJ/T235

《建筑施工测量标准》JGJ/T408

《装配式环筋扣合锚接混凝土剪力墙结构技术标准》JGJ/T430

《钢筋连接用灌浆套筒》JG/T398

《建设工程监理工作标准》DBJ41/T208

河南省建设监理协会团体标准

装配式混凝土结构工程监理工作标准

T/HAEC 001－2020

条 文 说 明

目　次

1 总　则

1.0.1　河南省人民政府办公厅《关于大力发展装配式建筑的实施意见》(豫政办〔2017〕153号)提出健全标准体系,结合省情加快制定装配式建筑设计、部品部件生产、装配施工、一体化装修、竣工验收、使用维护和防火抗震防灾等系列地方标准,逐步形成以国家和地方标准规程为主导,以导则、图集、企业标准和规范性文件为补充,覆盖设计、生产、施工、验收、使用维护及认定全过程的装配式建筑标准规范体系。

1.0.2　本标准涉及的装配式混凝土结构为广义的装配式混凝土建筑,编制使用范围包含装配式混凝土结构工程和装配整体式混凝土结构工程。

1.0.4　现行国家和地方有关装配式混凝土结构的标准有《混凝土结构工程施工质量验收规范》GB50204、《装配式混凝土建筑技术标准》GB/T51231、《装配式混凝土结构技术规程》JGJ1等,本标准与其他相关验收规范应互相补充、协调一致。

2 术 语

2.0.1 预制构件的连接方式以采用钢筋套筒灌浆为主,结合钢筋浆锚搭接连接、机械连接、焊接、绑扎搭接、螺栓连接等。

2.0.2 在金属套筒中插入钢筋并注入灌浆料拌合物,通过拌合物硬化形成整体并实现传力的钢筋对接连接方式,是纵向构件之间连接的主要形式。

2.0.3 浆锚搭接连接是一种将需要搭接的钢筋拉开一定距离的搭接方式,也被称之为间接搭接或者是间接锚固。

2.0.7 以首件样本的标准在分项工程每一个检验批的施工过程中得以推广,实现工序检查和中间验收标准化,统一操作规范和工作原则。

2.0.8 施工单位首个施工段预制构件安装和钢筋绑扎完成后,建设单位应组织设计单位、监理单位、施工单位及部品部件生产单位进行验收,合格后方可进行后续施工。

3 基本规定

3.0.1 监理单位应根据监理合同约定的驻厂监理工作内容、服务期限及工程特点、规模、技术复杂程度、环境等因素派驻驻厂监理人员,并根据监理实际工作需要,实施动态管理。

3.0.2 项目监理机构应建立健全实施动态控制的组织机构、规章制度,明确各级目标控制人员的任务和职责分工。

3.0.3 监理规划和监理实施细则的编制除符合现行《建设工程监理规范》GB/T50319 的规定外,尚应依据深化后的设计文件在部品部件的验收、安装、连接等方面突出控制要点。

3.0.4 项目监理机构应根据建设工程监理合同的约定及工程特点,分析影响工程质量、造价、进度和安全生产管理的因素及影响程度,有针对性地制订和实施相应的措施。

3.0.5 监理单位可根据建设工程监理合同的约定,协助建设单位建立信息管理平台,推进建设各环节实施信息共享,有效传递和协同作业。

3.0.6 监理文件资料是项目监理机构留下的监理工作记录和痕迹,是考量项目监理机构工作质量和业绩的重要依据。鼓励监理单位采用信息化、BIM 等技术对工程监理文件资料进行收集、整理、传递,避免信息传递过程中的弱效性。

4 工程质量控制

4.1 一般规定

4.1.4 施工现场设置部品单元样板区时,针对装配式混凝土结构工程中的节点连接、防水、抗渗、抗震、预制楼梯板等部位做样板。样板中可将各节点部位分解,还原施工中常见问题,将详细施工过程以图片形式与实体样板对照,并说明施工重点。

4.2 施工准备阶段的质量控制

4.2.1 项目监理机构的审查应包括下列主要内容:

    1 审查施工单位现场质量管理组织机构是否健全,对其主要负责人、重要岗位的质量管理人员不符合相应配备标准、合同约定或未履约到岗的,应要求施工单位整改。

    2 检查施工单位质量管理制度的落实情况,对未落实的,项目监理机构应签发监理通知单要求施工单位整改。施工单位逾期未整改且有可能造成质量失控的,应征得建设单位同意后签发工程暂停令。

    3 对施工单位现场不称职的质量管理人员,项目监理机构应要求撤换。

    4 对分包单位不履行相应质量管理责任的,项目监理机构应要求更换。

    5 对特种作业人员资格不符合规定的,项目监理机构应要求其撤换、整改。

4.2.2 施工方案应重点审查部品部件的堆放、吊装、临时固定、节点连接、接缝密封防水等工序的质量保证措施。

4.2.4 项目监理机构应审查施工单位的测量依据、测量人员资格和测量成果是否符合规范要求,符合要求的予以签认。

4.2.6 装配式混凝土结构施工前的试安装,对于没有经验的施工单位非常必要,可以验证设计和施工方案存在的缺陷,还可以培训人员、调试设备及完善方案。

4.3 施工阶段的质量控制

4.3.1 用于工程的材料、构配件、设备的质量证明文件包括出厂合格证、质量检验报告、性能检测报告以及施工单位的质量抽检报告等。质量证明文件为复印件的,应注明原件存放地,并加盖供货单位公章。

本条第 1 款,工程材料的外观质量检查包括材料规格、型号、尺寸、产品标识、包装等。

本条第 3 款,对于进口材料,项目监理机构应要求施工单位报送进口商检证明文件,并会同建设单位、施工单位、供货单位等按合同约定进行联合检查验收。

4.3.2 本条第 4 款,结构性能检验的要求和试验方法应符合现行国家标准《混凝土结构工程施工质量验收规范》GB50204 的规定。进场时不做结构性能检验,且无驻厂监理的,应按现行国家标准《装配式混凝土建筑技术标准》GB/T51231 的规定,委托有资质的检测机构对部件混凝土强度、钢筋间距、保护层厚度、钢筋直径等进行抽样检测。

4.3.4 套筒灌浆连接接头的质量保证措施:①采用经验证的钢筋套筒和灌浆料配套产品;②施工人员是经培训合格的专业人员,严格按技术操作要求执行;③质量检验人员进行全过程施工质量检查,能提供可追溯的全过程灌浆质量检查记录;④验收时,如对套筒灌浆连接接头质量有疑问,可委托第三方检测机构进行非破损检测。

灌浆施工前,项目监理机构应督促施工单位对不同钢筋生产企业的进场钢筋进行接头工艺检验;施工过程中,当更换钢筋生产企业,或同生产企业生产的钢筋外形尺寸与已完成工艺检验的钢筋有较大差异时,应再次进行工艺检验。

4.3.5 对采用钢筋机械连接的,应按现行行业标准《钢筋机械连接技术规程》JGJ107 的规定进行检查验收。对采用环筋扣合锚接的,应按现行行业标准《装配式环筋扣合锚接混凝土剪力墙结构技术标准》JGJ/T430 的规定进行检查验收。

4.3.7 外围护接缝防水施工质量是保证装配式混凝土结构外墙防水性能的关键,施工时应按设计要求进行选材和施工,采取性能验证措施,并进行防水性能检验。

4.3.10 监理通知单的签发、回复及复查应符合以下要求:

1 监理通知单由专业监理工程师或总监理工程师签发;

2 监理通知单对存在的问题、部位、整改时限等应表述具体;

3 应用数据说话,详细叙述存在问题的违规内容,一般应包括监理实测值、设计值、允许偏差值、违反规范种类及条款等;

4 反映的问题如果能用照片予以记录,应附上照片;

5 签发监理通知单时,应做好签发记录;

6 施工单位应按监理通知单的要求进行整改,整改完毕后,向项目监理机构提交监理通知回复单;

7 项目监理机构应根据施工单位报送的监理通知回复单对整改情况进行复查,提出复查意见,并将通知、回复与复查情况及时记入监理日志。

4.4 质量验收

4.4.1 首件验收和首段验收由建设单位组织,设计单位、监理单位、施工单位及部品部件生产单位参加。首段验收应重点对连接形式、连接节点、接缝防水、设备管线及装饰装修等进行验收。

4.4.4 工程质量评估报告应包括下列主要内容:

1　工程概况及各参建单位；

2　项目监理组织结构；

3　监理工作的质量控制措施；

4　原材料、设备、半成品、成品等进场见证取样检测情况；

5　功能性检测情况；

6　部品部件的进场质量验收情况；

7　主要检验批、分项工程的质量验收情况；

8　组织分部工程验收情况；

9　监理抽查质量情况统计及汇总；

10　监理过程中发现的质量问题及整改情况；

11　质量控制资料审(核)查情况；

12　对分部工程的安全及使用功能的评价；

13　工程质量缺陷情况及需要说明的问题；

14　工程质量评估结论。

5 工程进度、造价控制及合同管理

5.2 工程进度控制

5.2.1 项目监理机构对装配式混凝土结构工程进度控制计划进行审查时,应根据施工合同约定并结合部品部件供应计划,综合考虑工程技术特点、堆放场地、吊装能力等因素进行审查。

施工进度计划审查应包括下列主要内容:

1 施工进度计划应符合施工合同中的节点工期与总工期约定;

2 施工进度计划中主要工程项目无遗漏,应满足分批投入试运行、分批动用的需要,阶段性施工进度计划应满足总进度控制目标的要求;

3 施工顺序的安排应符合施工工艺要求;

4 施工人员、工程材料、施工机械及部品部件等资源供应计划应满足施工进度计划的需要;

5 施工进度计划应符合建设单位提供的资金、施工图纸、施工场地、物资等施工条件。

5.3 工程造价控制

5.3.2 工程计量及支付的依据主要包括:当期已完成工程量报表、计价文件及相应的支持性证明文件,如变更图纸、工程签证、技术核定单及建设单位定价文件等。

5.3.3 工程款按支付阶段不同通常可分为预付款、进度款、竣工结算款和质保金。项目监理机构应严格执行建设工程施工合同中所约定的价款确定方法和工程款支付方式,依据合同约定的工程变更、工程签证、费用索赔等造成的工程款调整,及时审查施工单位提交的工程款支付申请,并扣减应扣除款项后,确认实际支付的工程款。

其中,项目监理机构对施工单位提交的进度付款申请应审核以下内容:

1 截至本次付款周期末已实施工程的合同价款;

2 增加和扣减的变更金额;

3 增加和扣减的索赔金额;

4 支付的预付款和扣减的返还预付款;

5 扣减的质量保证金;

6 根据合同应增加和扣减的其他金额。

5.3.5 项目监理机构应按有关工程结算规定及施工合同约定对工程结算文件进行审核。

5.4 合同管理

5.4.2 项目监理机构签发的工程暂停令应视情况签发局部暂停令或全面工程暂停令。暂停令及复工令的签发应符合现行规范的规定。

5.4.3 发生工程变更,应经建设、设计、施工和监理单位的签认,并通过总监理工程师下达变更指令后,施工单位方可进行施工。

施工单位提出工程变更后,总监理工程师应组织相关专业人员分析变更的必要性和可行性,需要设计单位甄别的,可以与设计单位进行沟通,对于无须变更或变更实施难度大的,项目监理机构应及时签署不同意变更的意见。

5.4.5 项目监理机构应要求争议双方出具相关证据。总监理工程师应遵守客观、公平的原则,提出合同争议的处理意见。

对未达到合同约定的暂停履行合同条件的,应要求合同双方继续履行合同。如果不能继续履行、解除合同的,项目监理机构应做好以下工作:

1 对已完成工程的质量按照解除合同的有关约定进行验收；

2 对已完成工程的工程量按照解除合同的有关约定进行核算；

3 对已进场的合格材料按照解除合同的有关约定进行统计；

4 督促施工单位对已完工程做好成品保护和移交；

5 监督施工单位按照解除合同的有关约定进行撤场。

6 安全生产管理的监理工作

6.1 一般规定

6.1.2 《建设工程安全生产管理条例》规定了工程监理从事安全生产管理的法定职责:

工程监理单位应当审查施工组织设计中的安全技术措施或者专项施工方案是否符合工程建设强制性标准。

工程监理单位和监理工程师应按法律法规和工程建设强制性标准实施监理,并对建设工程安全生产承担监理责任。

6.2 施工准备阶段的安全监理工作

6.2.1 对施工单位安全生产规章制度审查应包括下列主要内容:

1 安全生产责任制度;

2 安全生产教育培训制度;

3 安全施工技术交底制度;

4 安全措施计划制度;

5 特种作业人员持证上岗制度;

6 专项施工方案专家论证制度;

7 施工起重机械使用登记制度;

8 安全检查制度;

9 生产安全事故报告和调查处理制度;

10 意外伤害保险制度;

11 消防安全管理制度;

12 其他。

6.2.2 项目监理机构应重点审查安全生产许可证、安全管理人员的安全考核合格证和特种作业人员操作证的延期或复审情况。

6.2.3 项目监理机构应审查施工单位报审的专项施工方案,重点审查方案的编审程序和安全技术措施是否符合工程建设强制性标准。其中,安全技术措施应包括部品部件堆放、运输及吊装、高处作业的安全防护、作业辅助设施的搭设、临时支撑体系的搭设等方面的要求。

6.2.7 监理交底内容应包括针对关键工序和关键部位的巡视、检查、旁站、验收等方面的要求。

6.3 施工阶段的安全监理工作

6.3.3 项目监理机构应检查施工单位施工起重机械的吊具、吊索、吊装带、卸扣、吊钩等检验记录,吊具应根据使用频率增加检查频次,严禁使用自编的钢丝绳接头及违规吊具,施工单位的吊装耳板或吊装孔应符合设计文件和专项施工方案的要求。

6.3.4 安全警示标志必须符合国家标准,施工现场安全警示标志应符合下列要求:

 1 应根据工程规模大小、不同的施工阶段、周围环境及季节气候的变化,配备相应数量和种类的安全警示标志牌;

 2 安全警示标志应设置在明显的地点,以便作业人员和其他进入施工现场的人员易于看到;

 3 安全警示标志设置后,未经施工项目负责人批准,不得擅自移动或拆除;

 4 施工现场应设置专人负责安全警示标志检查和维护。

6.3.5 临时固定措施是装配式混凝土结构安装过程中承受施工荷载、保证部件定位、确保施工安全的有效措施。临时支撑是常用的临时固定措施,包括水平部件下方的临时竖向支撑、水平部件两端支承部件上设置的临时牛腿、竖向部件的临时斜撑等。

6.3.6 工程发生下列情况之一时,总监理工程师应签发工程暂停令,要求施工单位局部或全部工程暂停施工:

1 无专项施工方案或专项施工方案未经批准擅自施工;

2 施工单位对项目监理机构书面提出的安全隐患拒不整改,且情况严重的;

3 施工出现重大安全隐患或紧急事件,必须停工处理。

在通常情况下,总监理工程师签发《工程暂停令》应事先征得建设单位同意;在紧急情况下,总监理工程师可先口头下达暂停指令,但应在 24 小时内签发书面《工程暂停令》,并及时向建设单位做出书面报告。关于监理报告,紧急情况下,项目监理机构通过电话、传真或电子邮件向有关主管部门报告的,事后应及时形成书面监理报告。

6.3.8 安全生产管理的监理文件资料应包括下列主要内容:

1 安全生产管理审查资料:施工单位安全生产保证体系、安全生产规章制度及安全管理人员资格报审资料;专项施工方案审查文件;建筑机械设备安装、拆卸资料。

2 过程检查资料:安全巡视检查资料、安全验收资料。

3 安全事故处理资料。

7 部品部件驻厂监理

7.1 一般规定

7.1.2 项目监理机构应及时审查部品部件生产方案,审查应包括下列主要内容:

    1 部品部件生产方案的编审程序是否符合相关规定;

    2 资金、材料、设备等资源供应计划是否满足施工要求;

    3 生产进度是否满足施工现场施工进度要求;

    4 安全技术措施是否符合建设强制性标准要求及相关规范规定。

7.1.3 旁站监理应包括下列主要内容:

    1 检查生产单位现场质量管理人员到岗、特种作业人员持证上岗以及施工机械、建筑材料准备等情况;

    2 检查现场监督关键部位、关键工序生产方案以及工程建设强制性标准执行情况;

    3 检查是否使用合格的材料、构配件和设备;

    4 检查生产环境是否存在质量和安全隐患;

    5 做好旁站记录,保存旁站原始资料。

7.1.5 项目监理机构应组织审查部品部件生产单位的工程开工报审表及相关资料。开工生产条件的审查应包括下列主要内容:

    1 设计交底和图纸会审已完成;

    2 施工组织设计已由总监理工程师签认;

    3 部品部件生产单位现场质量、安全生产管理体系已建立,管理及施工人员已到位,施工机械具备使用条件,主要工程材料已落实;

    4 进场及部品部件运输道路、水、电、通信等已满足开工要求。

7.2　质量控制

7.2.1　原材料进厂检验应符合下列规定：

　　1　同一批号、同一类型、同一规格的灌浆套筒进厂时，不超过1 000个为一批，每批随机抽取3个灌浆套筒，采用与之匹配的灌浆料制作对中连接接头试件，并进行抗拉强度检验，检验结果应符合现行行业标准《钢筋套筒灌浆连接应用技术规程》JGJ355的规定；

　　2　同一厂家、同一类别、同一规格夹心保温外墙板拉接件，每10 000个为一批，每批抽3个检验锚入混凝土后的抗拔强度，检验结果应符合设计及规范要求；

　　3　同一厂家、同一品种且同一规格夹心保温板，不超过5 000 m² 为一批，检验结果应符合设计要求和国家现行相关标准的有关规定；

　　4　预埋吊件按照同一厂家、同一类别、同一规格，不超过10 000件为一批，按照抽取试样进行外观尺寸、材料性能、抗拉拔性能等试验，试验结果应符合设计要求；

　　5　其他材料的检验应按国家相关标准执行。

7.2.2　项目监理机构应对部品部件的生产过程进行现场巡视，巡视应包括下列主要内容：

　　1　生产单位是否按设计文件、工程建设标准和批准的施工组织设计、生产方案生产；

　　2　使用的工程材料、构配件和设备是否合格；

　　3　生产现场管理人员是否到位；

　　4　特种作业人员是否持证上岗。

7.2.3　项目监理机构对模具的检查验收应包括下列主要内容：

　　1　复核模具截面尺寸，检查模具平整度、水平度和垂直度；

2 检查脱模剂涂刷情况；

3 检查预留主筋定位及安装固定是否符合生产方案的要求；

4 模具应保持清洁,涂刷脱模剂、表面缓凝剂时应均匀、无漏刷、无堆积,且不得沾污钢筋,不得影响预制构件外观效果；

5 结构造型复杂、外形有特殊要求的模具应制作样板,经验收合格后方可批量制作。

7.2.4 隐蔽工程验收应包括下列主要内容：

1 钢筋加工、安装、连接等是否符合设计要求；

2 预埋件、插筋、预留孔洞的规格、位置、数量是否符合设计要求；

3 保温材料铺贴、管线敷设、吊点吊环的位置等是否符合设计要求；

4 灌浆套筒和预留灌浆孔道的规格、数量、位置是否符合设计要求；

5 夹心保温板的保温层位置、厚度以及拉接件的规格、数量、位置是否符合设计要求。

7.2.7 部件的脱模强度应根据部件的类型和设计要求确定,以防止过早脱模造成部件出现过大变形或开裂。

7.2.8 部品部件生产单位应建立编码标识制度,标识必须满足唯一性及可追溯性。鼓励部品部件标设二维码、条形码,埋置芯片,实现产品全过程管理。

7.3 堆放及运输

7.3.1 竖向部品部件宜采用专用支架直立存放,支架应有足够的强度和刚度；不同型号尺寸部品部件不得叠放在一起；楼梯宜单独堆放,不宜叠放；叠合板、阳台板和空调板等部件宜平放,可采用多层叠放,叠放层数不宜超过 6 层,且不宜高于 2 m,每层之间用垫木隔开,垫木应上下对齐。

7.3.2 外墙板宜采用立式运输,外饰面层应朝外;梁、板、楼梯、阳台宜采用水平运输。采用靠放架立式运输时,部品部件与地面倾斜角度宜大于80°,应对称靠放,每侧不大于2层,层间上部采用木垫块隔离;采用插放架直立运输时,应采取防止构件倾倒措施,部品部件之间应设置隔离垫块;水平运输时,梁、柱类部品部件叠放不宜超过3层,板类部品部件叠放不宜超过6层。

8 信息技术应用管理

8.1 一般规定

8.1.1 在监理过程中,项目监理机构根据工程实际情况,针对不同阶段采用与该阶段相适应的方式、方法进行信息技术应用管理。

8.1.2 全过程应用管理应包含以下内容:优化设计、施工准备、施工模拟、施工实施、竣工验收、缺陷责任期、运营和维护。

8.1.4 BIM 应用目标和范围配备相应的 BIM 信息管理人员、软件、硬件以利于开展 BIM 监理工作。

8.1.7 根据信息技术管理目标和范围选用具有相应功能的信息管理平台。平台应具备下列基本功能:

    1 信息数据的输入和输出;

    2 信息数据的浏览和处理;

    3 信息数据的专业应用;

    4 应用成果的处理和输出;

    5 支持开发的数据交换标准;

    6 支持数据储存及存档功能。

8.1.8 竣工模型交付应满足各相关方合约要求及国家现行有关标准的规定。包括但不仅限于:

    1 交付标准制定合理、输出文件标准化;

    2 模型完整、准确、无冗余内容,布局清晰合理;

    3 模型拆分合理,参数化程度高;

    4 精细度与应用点匹配。

8.2 部品部件编码管理

8.2.2 RFID 由耦合元件及芯片组成,每个 RFID 具有唯一的电子编码,附着在物体上标识目标对象,俗称电子标签或智能标签。

RFID 电子标签可分为有源标签、无源标签、半有源半无源标签三种。

8.2.5 建议参照《建筑信息模型分类和编码标准》GB/T51269 的总则对该章节进行总述。

8.3 信息技术应用的监理工作

8.3.3 监理合同管理的 BIM 应用基础,是提前对合同的关键内容进行分析,识别合同中需要重点跟踪的控制内容。主要包括:合同中的进度数据、成本数据、质量技术数据等。各合同标段中的上述关键数据,应与 BIM 模型中的相关部位进行关联。

施工过程中,监理单位对合同管理的关键数据进行定期的动态跟踪比对,将各项关键数据的实际数据录入 BIM 模型(或对施工单位录入 BIM 模型中的相关数据进行确认),分析合同实施状态与合同目标的偏离程度,并以此作为合同跟踪、索赔与反索赔的依据。

8.3.4 在投资决策阶段,项目监理机构根据 BIM 模型数据,可以调用与拟建项目相似工程的造价数据,也可以输出已完类似工程的造价,高效准确地估算出规划项目的总投资额,为投资决策提供相应投资数据。

项目监理机构利用 BIM 的可视化模拟功能,进行 3D、4D 甚至 5D 模拟碰撞检查不合实际之处,降低设计错误数量,或因理解错误导致返工费用,减少工程变更和纠纷产生。

通过 BIM 4D 施工模拟过程的数据分析,根据工程算量和计价相关标准、规范和模型中各构件的工程量和清单信息,自动计算各构件所需的人、材、机等资源及成本,并且汇总计算。BIM 技术的掌握应用,使监理人员能够及时做好工程计量工作审核,有效防止工程进度款超付和提高结算、决算的准确度,合理计取费用标准,正确反映工程造价。

8.3.7 项目BIM软件的主要功能是实现监理主要工作内容和流程的信息化。因此,软件业务功能应与监理规范要求、项目实际需求相适应,应包括质量控制、造价控制、进度控制、工程变更控制等基本功能。

项目BIM软件宜与项目其他相关方的BIM应用实现连接,完成信息、数据在各方之间的传递,实现形式包括:

1 监理BIM软件与施工BIM软件可作为项目BIM软件的模块之一,并与施工BIM软件中其他模块进行信息传递交流;软件遵循的信息技术和数据传递要求遵循项目BIM软件的统一要求。

2 监理BIM软件也可独立开发使用,并与施工BIM软件的相应功能之间形成明确、统一的数据传递规定。

8.3.8 项目的BIM成果交付,应与施工过程中其他监理文件的交付同步进行,其交付验收标准应能够满足相关规范和规定,并能够与BIM模型实现有效连接。

9 监理文件资料管理

9.1 一般规定

9.1.1 各级监理人员按职责分类整理自己负责的文件资料,并移交总监理工程师指定的专人进行管理,形成台账,保证过程资料的完整性。

9.3 监理文件资料的归档与移交

9.3.1 形成的监理档案可以是电子文档和纸质文档两种形式。需加盖印章的监理文件电子文档必须加盖印章,并手签此件与纸质原件一致。

河南省工程建设标准

DBJ41/T 165－2016
备案号:**T13648－2016**

预拌混凝土和预拌砂浆厂（站）
建设技术规程

Technical specification for plant construction of
ready－mixed concrete and mortar

2016－12－06 发布　　2017－01－01 实施

河南省住房和城乡建设厅　发布